<table>
<tr><td colspan="2">Ausbildungsnachweis Nr. _____   Woche vom _____________ bis _____________ _____ . Ausbildungsjahr<br>Proof of education       Week from           to                Year of trainig</td></tr>
</table>

| | **Ausgeführte Arbeiten, Unterweisungen, Unterricht in Tages- oder Wochenberichten**<br>**Work carried out, instructions, lessons in daily or weekly reports** | **Std.**<br>**h** | **Σ** |
|---|---|---|---|
| **MONTAG**<br>**MONDAY** | | | |
| **DIENSTAG**<br>**THUESDAY** | | | |
| **MITTWOCH**<br>**WEDNESDAY** | | | |
| **DONNERSTAG**<br>**THURSDAY** | | | |
| **FREITAG**<br>**FRIDAY** | | | |
| **Samstag /**<br>**Sonntag**<br>**Saturday / Sunday** | | | |
| **Σ** | **Bemerkungen | Remarks:** | | |

AF306373

**Fehltage**<br>**Missed Days**

**Urlaub | holiday:**            **Krank | sick**            **Sonstiges | other:**

……………………………       ……………………………       ……………………………

| Ich bestätige die Richtigkeit der Angaben:<br>I confirm the accuracy of this | Kenntnis genommen:<br>Taken note of: | Kenntnis genommen:<br>Taken note of: |
|---|---|---|
| Datum | Date ___________________<br>Unterschrift | Signature | Datum | Date ___________________<br>Unterschrift | Signature | Datum | Date ___________________<br>Unterschrift | Signature |
| **Auszubildende(r)**<br>**Apprentice** | **Ausbilder(in) / Ausbildungsbeauftragter**<br>**Training Officer** | **Gesetzliche(r) Vertreter(in)**<br>**legal representatives** |

# Ausbildungsnachweis Nr. ____ Woche vom __________ bis __________ ____ . Ausbildungsjahr
# Proof of education        Week from       to       Year of trainig

| | Ausgeführte Arbeiten, Unterweisungen, Unterricht in Tages- oder Wochenberichten<br>Work carried out, instructions, lessons in daily or weekly reports | Std.<br>h | Σ |
|---|---|---|---|
| **MONTAG**<br>**MONDAY** | | | |
| **DIENSTAG**<br>**THUESDAY** | | | |
| **MITTWOCH**<br>**WEDNESDAY** | | | |
| **DONNERSTAG**<br>**THURSDAY** | | | |
| **FREITAG**<br>**FRIDAY** | | | |
| **Samstag /<br>Sonntag /<br>Saturday / Sunday** | | | |
| **Σ** | **Bemerkungen \| Remarks:** | | |

| **Fehltage**<br>**Missed Days** | **Urlaub \| holiday:** | **Krank \| sick** | **Sonstiges \| other:** |
|---|---|---|---|
| | ............................... | ............................... | ............................... |

| Ich bestätige die Richtigkeit der Angaben:<br>I confirm the accuracy of this | Kenntnis genommen:<br>Taken note of: | Kenntnis genommen:<br>Taken note of: |
|---|---|---|
| Datum \| Date _____________________<br>Unterschrift \| Signature | Datum \| Date _____________________<br>Unterschrift \| Signature | Datum \| Date _____________________<br>Unterschrift \| Signature |
| **Auszubildende(r)**<br>**Apprentice** | **Ausbilder(in) / Ausbildungsbeauftragter**<br>**Training Officer** | **Gesetzliche(r) Vertreter(in)**<br>**legal representatives** |

# Ausbildungsnachweis Nr. ____ Woche vom ____________ bis ____________ ____ . Ausbildungsjahr
# Proof of education        Week from       to       Year of trainig

| | Ausgeführte Arbeiten, Unterweisungen, Unterricht in Tages- oder Wochenberichten<br>Work carried out, instructions, lessons in daily or weekly reports | Std.<br>h | Σ |
|---|---|---|---|
| **MONTAG**<br>**MONDAY** | | | |
| **DIENSTAG**<br>**THUESDAY** | | | |
| **MITTWOCH**<br>**WEDNESDAY** | | | |
| **DONNERSTAG**<br>**THURSDAY** | | | |
| **FREITAG**<br>**FRIDAY** | | | |
| **Samstag /**<br>**Sonntag**<br>**Saturday / Sunday** | | | |
| **Σ** | **Bemerkungen \| Remarks:** | | |

| **Fehltage**<br>**Missed Days** | Urlaub \| holiday: | Krank \| sick | Sonstiges \| other: |
|---|---|---|---|
| | …………………………… | …………………………… | …………………………… |

| Ich bestätige die Richtigkeit der Angaben:<br>I confirm the accuracy of this | Kenntnis genommen:<br>Taken note of: | Kenntnis genommen:<br>Taken note of: |
|---|---|---|
| Datum \| Date __________________<br>Unterschrift \| Signature | Datum \| Date __________________<br>Unterschrift \| Signature | Datum \| Date __________________<br>Unterschrift \| Signature |
| **Auszubildende(r)**<br>**Apprentice** | **Ausbilder(in) / Ausbildungsbeauftragter**<br>**Training Officer** | **Gesetzliche(r) Vertreter(in)**<br>**legal representatives** |

**Ausbildungsnachweis** Nr. ____ Woche vom ____________ bis ____________ ____ . Ausbildungsjahr
**Proof of education** Week from to Year of trainig

| | Ausgeführte Arbeiten, Unterweisungen, Unterricht in Tages- oder Wochenberichten<br>**Work carried out, instructions, lessons in daily or weekly reports** | Std.<br>h | Σ |
|---|---|---|---|
| **MONTAG**<br>**MONDAY** | | | |
| **DIENSTAG**<br>**THUESDAY** | | | |
| **MITTWOCH**<br>**WEDNESDAY** | | | |
| **DONNERSTAG**<br>**THURSDAY** | | | |
| **FREITAG**<br>**FRIDAY** | | | |
| **Samstag /<br>Sonntag<br>Saturday / Sunday** | | | |
| **Σ** | **Bemerkungen | Remarks:** | | |
| **Fehltage<br>Missed Days** | **Urlaub | holiday:** ............................ **Krank | sick** ............................ **Sonstiges | other:** ............................ | | |

| Ich bestätige die Richtigkeit der Angaben:<br>I confirm the accuracy of this | Kenntnis genommen:<br>Taken note of: | Kenntnis genommen:<br>Taken note of: |
|---|---|---|
| Datum | Date ____________<br>Unterschrift | Signature | Datum | Date ____________<br>Unterschrift | Signature | Datum | Date ____________<br>Unterschrift | Signature |
| **Auszubildende(r)**<br>**Apprentice** | **Ausbilder(in) / Ausbildungsbeauftragter**<br>**Training Officer** | **Gesetzliche(r) Vertreter(in)**<br>**legal representatives** |

# Ausbildungsnachweis Nr. ____ Woche vom __________ bis __________ ____ . Ausbildungsjahr
# Proof of education

Week from                to                              Year of trainig

| | Ausgeführte Arbeiten, Unterweisungen, Unterricht in Tages- oder Wochenberichten<br>Work carried out, instructions, lessons in daily or weekly reports | Std.<br>h | Σ |
|---|---|---|---|
| **MONTAG**<br>**MONDAY** | | | |
| **DIENSTAG**<br>**THUESDAY** | | | |
| **MITTWOCH**<br>**WEDNESDAY** | | | |
| **DONNERSTAG**<br>**THURSDAY** | | | |
| **FREITAG**<br>**FRIDAY** | | | |
| **Samstag /<br>Sonntag /<br>Saturday / Sunday** | | | |
| **Σ** | **Bemerkungen \| Remarks:** | | |

| **Fehltage**<br>**Missed Days** | **Urlaub \| holiday:** | **Krank \| sick** | **Sonstiges \| other:** |
|---|---|---|---|
| | ................................ | ................................ | ................................ |

| Ich bestätige die Richtigkeit der Angaben:<br>I confirm the accuracy of this | Kenntnis genommen:<br>Taken note of: | Kenntnis genommen:<br>Taken note of: |
|---|---|---|
| Datum \| Date ________________<br>Unterschrift \| Signature | Datum \| Date ________________<br>Unterschrift \| Signature | Datum \| Date ________________<br>Unterschrift \| Signature |
| **Auszubildende(r)**<br>**Apprentice** | **Ausbilder(in) / Ausbildungsbeauftragter**<br>**Training Officer** | **Gesetzliche(r) Vertreter(in)**<br>**legal representatives** |

# Ausbildungsnachweis Nr. ____ Woche vom ____________ bis ____________ ____ . Ausbildungsjahr
# Proof of education       Week from      to      Year of trainig

| | Ausgeführte Arbeiten, Unterweisungen, Unterricht in Tages- oder Wochenberichten<br>**Work carried out, instructions, lessons in daily or weekly reports** | Std.<br>h | Σ |
|---|---|---|---|
| **MONTAG**<br>**MONDAY** | | | |
| **DIENSTAG**<br>**THUESDAY** | | | |
| **MITTWOCH**<br>**WEDNESDAY** | | | |
| **DONNERSTAG**<br>**THURSDAY** | | | |
| **FREITAG**<br>**FRIDAY** | | | |
| **Samstag /**<br>**Sonntag**<br>**Saturday / Sunday** | | | |
| **Σ** | **Bemerkungen | Remarks:** | | |

| **Fehltage**<br>**Missed Days** | **Urlaub | holiday:**<br>……………………………… | **Krank | sick**<br>……………………………… | **Sonstiges | other:**<br>……………………………… |
|---|---|---|---|

| Ich bestätige die Richtigkeit der Angaben:<br>I confirm the accuracy of this<br><br>Datum | Date _______________________<br>Unterschrift | Signature<br><br>**Auszubildende(r)**<br>**Apprentice** | Kenntnis genommen:<br>Taken note of:<br><br>Datum | Date _______________________<br>Unterschrift | Signature<br><br>**Ausbilder(in) / Ausbildungsbeauftragter**<br>**Training Officer** | Kenntnis genommen:<br>Taken note of:<br><br>Datum | Date _______________________<br>Unterschrift | Signature<br><br>**Gesetzliche(r) Vertreter(in)**<br>**legal representatives** |
|---|---|---|

**Ausbildungsnachweis** Nr. ____ Woche vom __________ bis __________ ____ . Ausbildungsjahr
**Proof of education** Week from to Year of trainig

| | Ausgeführte Arbeiten, Unterweisungen, Unterricht in Tages- oder Wochenberichten<br>Work carried out, instructions, lessons in daily or weekly reports | Std.<br>h | Σ |
|---|---|---|---|
| **MONTAG<br>MONDAY** | | | |
| **DIENSTAG<br>THUESDAY** | | | |
| **MITTWOCH<br>WEDNESDAY** | | | |
| **DONNERSTAG<br>THURSDAY** | | | |
| **FREITAG<br>FRIDAY** | | | |
| **Samstag /<br>Sonntag<br>Saturday / Sunday** | | | |
| **Σ** | **Bemerkungen \| Remarks:** | | |
| **Fehltage<br>Missed Days** | Urlaub \| holiday: ................................    Krank \| sick ................................    Sonstiges \| other: ................................ | | |

| Ich bestätige die Richtigkeit der Angaben:<br>I confirm the accuracy of this | Kenntnis genommen:<br>Taken note of: | Kenntnis genommen:<br>Taken note of: |
|---|---|---|
| Datum \| Date ______________<br>Unterschrift \| Signature<br><br>**Auszubildende(r)**<br>**Apprentice** | Datum \| Date ______________<br>Unterschrift \| Signature<br><br>**Ausbilder(in) / Ausbildungsbeauftragter**<br>**Training Officer** | Datum \| Date ______________<br>Unterschrift \| Signature<br><br>**Gesetzliche(r) Vertreter(in)**<br>**legal representatives** |

# Ausbildungsnachweis Nr. _____ Woche vom _____________ bis _____________ _____ . Ausbildungsjahr
# Proof of education

Week from | to | Year of trainig

| | Ausgeführte Arbeiten, Unterweisungen, Unterricht in Tages- oder Wochenberichten<br>**Work carried out, instructions, lessons in daily or weekly reports** | Std.<br>h | Σ |
|---|---|---|---|
| **MONTAG**<br>**MONDAY** | | | |
| **DIENSTAG**<br>**THUESDAY** | | | |
| **MITTWOCH**<br>**WEDNESDAY** | | | |
| **DONNERSTAG**<br>**THURSDAY** | | | |
| **FREITAG**<br>**FRIDAY** | | | |
| **Samstag /**<br>**Sonntag**<br>**Saturday / Sunday** | | | |
| **Σ** | **Bemerkungen \| Remarks:** | | |
| **Fehltage**<br>**Missed Days** | **Urlaub \| holiday:**      **Krank \| sick**      **Sonstiges \| other:**<br>....................................   ....................................   .................................... | | |

| Ich bestätige die Richtigkeit der Angaben:<br>I confirm the accuracy of this | Kenntnis genommen:<br>Taken note of: | Kenntnis genommen:<br>Taken note of: |
|---|---|---|
| Datum \| Date _____________________<br>Unterschrift \| Signature | Datum \| Date _____________________<br>Unterschrift \| Signature | Datum \| Date _____________________<br>Unterschrift \| Signature |
| **Auszubildende(r)**<br>**Apprentice** | **Ausbilder(in) / Ausbildungsbeauftragter**<br>**Training Officer** | **Gesetzliche(r) Vertreter(in)**<br>**legal representatives** |

**Ausbildungsnachweis** Nr. _____ Woche vom _____________ bis _____________ _____ . Ausbildungsjahr
**Proof of education**  Week from to Year of trainig

| | Ausgeführte Arbeiten, Unterweisungen, Unterricht in Tages- oder Wochenberichten<br>**Work carried out, instructions, lessons in daily or weekly reports** | Std.<br>h | Σ |
|---|---|---|---|
| **MONTAG**<br>**MONDAY** | | | |
| **DIENSTAG**<br>**THUESDAY** | | | |
| **MITTWOCH**<br>**WEDNESDAY** | | | |
| **DONNERSTAG**<br>**THURSDAY** | | | |
| **FREITAG**<br>**FRIDAY** | | | |
| **Samstag /**<br>**Sonntag**<br>**Saturday / Sunday** | | | |
| **Σ** | **Bemerkungen | Remarks:** | | |
| **Fehltage**<br>**Missed Days** | Urlaub | holiday: .......................... Krank | sick .......................... Sonstiges | other: .......................... | | |

| Ich bestätige die Richtigkeit der Angaben:<br>I confirm the accuracy of this | Kenntnis genommen:<br>Taken note of: | Kenntnis genommen:<br>Taken note of: |
|---|---|---|
| Datum | Date _____________<br>Unterschrift | Signature | Datum | Date _____________<br>Unterschrift | Signature | Datum | Date _____________<br>Unterschrift | Signature |
| **Auszubildende(r)**<br>**Apprentice** | **Ausbilder(in) / Ausbildungsbeauftragter**<br>**Training Officer** | **Gesetzliche(r) Vertreter(in)**<br>**legal representatives** |

# Ausbildungsnachweis Nr. _____ Woche vom ____________ bis ___________ _____ . Ausbildungsjahr
# Proof of education             Week from            to                        Year of trainig

| | Ausgeführte Arbeiten, Unterweisungen, Unterricht in Tages- oder Wochenberichten<br>Work carried out, instructions, lessons in daily or weekly reports | Std.<br>h | Σ |
|---|---|---|---|
| **MONTAG**<br>**MONDAY** | | | |
| **DIENSTAG**<br>**THUESDAY** | | | |
| **MITTWOCH**<br>**WEDNESDAY** | | | |
| **DONNERSTAG**<br>**THURSDAY** | | | |
| **FREITAG**<br>**FRIDAY** | | | |
| **Samstag /<br>Sonntag**<br>**Saturday / Sunday** | | | |
| **Σ** | **Bemerkungen | Remarks:** | | |

| **Fehltage**<br>**Missed Days** | Urlaub | holiday:<br>…………………………… | Krank | sick<br>…………………………… | Sonstiges | other:<br>…………………………… |
|---|---|---|---|

| Ich bestätige die Richtigkeit der Angaben:<br>I confirm the accuracy of this | Kenntnis genommen:<br>Taken note of: | Kenntnis genommen:<br>Taken note of: |
|---|---|---|
| Datum | Date ___________________<br>Unterschrift | Signature | Datum | Date ___________________<br>Unterschrift | Signature | Datum | Date ___________________<br>Unterschrift | Signature |
| **Auszubildende(r)**<br>**Apprentice** | **Ausbilder(in) / Ausbildungsbeauftragter**<br>**Training Officer** | **Gesetzliche(r) Vertreter(in)**<br>**legal representatives** |

# Ausbildungsnachweis Nr. _____ Woche vom ____________ bis ____________ _____ . Ausbildungsjahr
# Proof of education       Week from      to       Year of trainig

| | Ausgeführte Arbeiten, Unterweisungen, Unterricht in Tages- oder Wochenberichten<br>Work carried out, instructions, lessons in daily or weekly reports | Std.<br>h | Σ |
|---|---|---|---|
| **MONTAG**<br>**MONDAY** | | | |
| **DIENSTAG**<br>**THUESDAY** | | | |
| **MITTWOCH**<br>**WEDNESDAY** | | | |
| **DONNERSTAG**<br>**THURSDAY** | | | |
| **FREITAG**<br>**FRIDAY** | | | |
| **Samstag /**<br>**Sonntag**<br>**Saturday / Sunday** | | | |
| **Σ** | **Bemerkungen | Remarks:** | | |
| **Fehltage**<br>**Missed Days** | Urlaub | holiday:         Krank | sick         Sonstiges | other: | | |

| Ich bestätige die Richtigkeit der Angaben:<br>I confirm the accuracy of this | Kenntnis genommen:<br>Taken note of: | Kenntnis genommen:<br>Taken note of: |
|---|---|---|
| Datum | Date ________________<br>Unterschrift | Signature | Datum | Date ________________<br>Unterschrift | Signature | Datum | Date ________________<br>Unterschrift | Signature |
| **Auszubildende(r)**<br>**Apprentice** | **Ausbilder(in) / Ausbildungsbeauftragter**<br>**Training Officer** | **Gesetzliche(r) Vertreter(in)**<br>**legal representatives** |

<table>
<tr><td colspan="2">Ausbildungsnachweis Nr. ____ Woche vom ____________ bis ____________ ____ . Ausbildungsjahr<br>Proof of education        Week from         to         Year of trainig</td></tr>
</table>

| | Ausgeführte Arbeiten, Unterweisungen, Unterricht in Tages- oder Wochenberichten<br>**Work carried out, instructions, lessons in daily or weekly reports** | Std.<br>h | Σ |
|---|---|---|---|
| **MONTAG**<br>**MONDAY** | | | |
| **DIENSTAG**<br>**THUESDAY** | | | |
| **MITTWOCH**<br>**WEDNESDAY** | | | |
| **DONNERSTAG**<br>**THURSDAY** | | | |
| **FREITAG**<br>**FRIDAY** | | | |
| **Samstag /**<br>**Sonntag**<br>**Saturday / Sunday** | | | |
| **Σ** | **Bemerkungen \| Remarks:** | | |

| **Fehltage**<br>**Missed Days** | **Urlaub \| holiday:** | **Krank \| sick** | **Sonstiges \| other:** |
|---|---|---|---|
| | ............................... | ............................... | ............................... |

| Ich bestätige die Richtigkeit der Angaben:<br>I confirm the accuracy of this | Kenntnis genommen:<br>Taken note of: | Kenntnis genommen:<br>Taken note of: |
|---|---|---|
| Datum \| Date ____________________<br>Unterschrift \| Signature | Datum \| Date ____________________<br>Unterschrift \| Signature | Datum \| Date ____________________<br>Unterschrift \| Signature |
| **Auszubildende(r)**<br>**Apprentice** | **Ausbilder(in) / Ausbildungsbeauftragter**<br>**Training Officer** | **Gesetzliche(r) Vertreter(in)**<br>**legal representatives** |

# Ausbildungsnachweis Nr. _____ Woche vom _____________ bis _____________ _____ . Ausbildungsjahr
# Proof of education            Week from            to            Year of trainig

| | Ausgeführte Arbeiten, Unterweisungen, Unterricht in Tages- oder Wochenberichten<br>Work carried out, instructions, lessons in daily or weekly reports | Std.<br>h | Σ |
|---|---|---|---|
| **MONTAG**<br>**MONDAY** | | | |
| **DIENSTAG**<br>**THUESDAY** | | | |
| **MITTWOCH**<br>**WEDNESDAY** | | | |
| **DONNERSTAG**<br>**THURSDAY** | | | |
| **FREITAG**<br>**FRIDAY** | | | |
| **Samstag /<br>Sonntag<br>Saturday / Sunday** | | | |
| **Σ** | **Bemerkungen | Remarks:** | | |
| **Fehltage<br>Missed Days** | Urlaub | holiday:       Krank | sick       Sonstiges | other: | | |

| Ich bestätige die Richtigkeit der Angaben:<br>I confirm the accuracy of this | Kenntnis genommen:<br>Taken note of: | Kenntnis genommen:<br>Taken note of: |
|---|---|---|
| Datum | Date ________________<br>Unterschrift | Signature | Datum | Date ________________<br>Unterschrift | Signature | Datum | Date ________________<br>Unterschrift | Signature |
| **Auszubildende(r)**<br>**Apprentice** | **Ausbilder(in) / Ausbildungsbeauftragter**<br>**Training Officer** | **Gesetzliche(r) Vertreter(in)**<br>**legal representatives** |

# Ausbildungsnachweis Nr. ____ Woche vom ____________ bis __________ ____ . Ausbildungsjahr
# Proof of education

Week from | to | Year of trainig

| | Ausgeführte Arbeiten, Unterweisungen, Unterricht in Tages- oder Wochenberichten<br>Work carried out, instructions, lessons in daily or weekly reports | Std.<br>h | Σ |
|---|---|---|---|
| MONTAG<br>MONDAY | | | |
| DIENSTAG<br>THUESDAY | | | |
| MITTWOCH<br>WEDNESDAY | | | |
| DONNERSTAG<br>THURSDAY | | | |
| FREITAG<br>FRIDAY | | | |
| Samstag /<br>Sonntag<br>Saturday / Sunday | | | |
| Σ | **Bemerkungen | Remarks:** | | |
| Fehltage<br>Missed Days | Urlaub | holiday: ............................... | Krank | sick ............................... | Sonstiges | other: ............................... |

| Ich bestätige die Richtigkeit der Angaben:<br>I confirm the accuracy of this | Kenntnis genommen:<br>Taken note of: | Kenntnis genommen:<br>Taken note of: |
|---|---|---|
| Datum | Date ____________________<br>Unterschrift | Signature<br><br>**Auszubildende(r)**<br>**Apprentice** | Datum | Date ____________________<br>Unterschrift | Signature<br><br>**Ausbilder(in) / Ausbildungsbeauftragter**<br>**Training Officer** | Datum | Date ____________________<br>Unterschrift | Signature<br><br>**Gesetzliche(r) Vertreter(in)**<br>**legal representatives** |

| | Ausgeführte Arbeiten, Unterweisungen, Unterricht in Tages- oder Wochenberichten<br>Work carried out, instructions, lessons in daily or weekly reports | Std.<br>h | Σ |
|---|---|---|---|
| MONTAG<br>MONDAY | | | |
| DIENSTAG<br>THUESDAY | | | |
| MITTWOCH<br>WEDNESDAY | | | |
| DONNERSTAG<br>THURSDAY | | | |
| FREITAG<br>FRIDAY | | | |
| Samstag /<br>Sonntag<br>Saturday / Sunday | | | |
| Σ | **Bemerkungen | Remarks:** | | |
| **Fehltage<br>Missed Days** | **Urlaub | holiday:**  **Krank | sick**  **Sonstiges | other:** | | |

Ich bestätige die Richtigkeit der Angaben:
I confirm the accuracy of this

Datum | Date _______________________
Unterschrift | Signature

**Auszubildende(r)**
**Apprentice**

Kenntnis genommen:
Taken note of:

Datum | Date _______________________
Unterschrift | Signature

**Ausbilder(in) / Ausbildungsbeauftragter**
**Training Officer**

Kenntnis genommen:
Taken note of:

Datum | Date _______________________
Unterschrift | Signature

**Gesetzliche(r) Vertreter(in)**
**legal representatives**

# Ausbildungsnachweis Nr. _____ Woche vom _____________ bis ____________ _____ . Ausbildungsjahr
# Proof of education

Week from       to       Year of trainig

| | Ausgeführte Arbeiten, Unterweisungen, Unterricht in Tages- oder Wochenberichten<br>Work carried out, instructions, lessons in daily or weekly reports | Std.<br>h | Σ |
|---|---|---|---|
| MONTAG<br>MONDAY | | | |
| DIENSTAG<br>THUESDAY | | | |
| MITTWOCH<br>WEDNESDAY | | | |
| DONNERSTAG<br>THURSDAY | | | |
| FREITAG<br>FRIDAY | | | |
| Samstag /<br>Sonntag<br>Saturday / Sunday | | | |
| Σ | **Bemerkungen \| Remarks:** | | |

| Fehltage<br>Missed Days | **Urlaub \| holiday:** | **Krank \| sick** | **Sonstiges \| other:** |
|---|---|---|---|
| | ..................................... | ..................................... | ..................................... |

| Ich bestätige die Richtigkeit der Angaben:<br>I confirm the accuracy of this | Kenntnis genommen:<br>Taken note of: | Kenntnis genommen:<br>Taken note of: |
|---|---|---|
| Datum \| Date _____________________<br>Unterschrift \| Signature | Datum \| Date _____________________<br>Unterschrift \| Signature | Datum \| Date _____________________<br>Unterschrift \| Signature |
| **Auszubildende(r)**<br>**Apprentice** | **Ausbilder(in) / Ausbildungsbeauftragter**<br>**Training Officer** | **Gesetzliche(r) Vertreter(in)**<br>**legal representatives** |

# Ausbildungsnachweis Nr. _____ Woche vom ___________ bis ___________ _____ . Ausbildungsjahr
# Proof of education

Week from                    to                              Year of trainig

| | Ausgeführte Arbeiten, Unterweisungen, Unterricht in Tages- oder Wochenberichten<br>Work carried out, instructions, lessons in daily or weekly reports | Std.<br>h | Σ |
|---|---|---|---|
| **MONTAG**<br>**MONDAY** | | | |
| **DIENSTAG**<br>**THUESDAY** | | | |
| **MITTWOCH**<br>**WEDNESDAY** | | | |
| **DONNERSTAG**<br>**THURSDAY** | | | |
| **FREITAG**<br>**FRIDAY** | | | |
| **Samstag /**<br>**Sonntag**<br>**Saturday / Sunday** | | | |
| **Σ** | **Bemerkungen \| Remarks:** | | |

| **Fehltage**<br>**Missed Days** | **Urlaub \| holiday:**<br>................................ | **Krank \| sick**<br>................................ | **Sonstiges \| other:**<br>................................ |
|---|---|---|---|

---

| Ich bestätige die Richtigkeit der Angaben:<br>I confirm the accuracy of this | Kenntnis genommen:<br>Taken note of: | Kenntnis genommen:<br>Taken note of: |
|---|---|---|
| Datum \| Date _______________<br>Unterschrift \| Signature | Datum \| Date _______________<br>Unterschrift \| Signature | Datum \| Date _______________<br>Unterschrift \| Signature |
| **Auszubildende(r)**<br>**Apprentice** | **Ausbilder(in) / Ausbildungsbeauftragter**<br>**Training Officer** | **Gesetzliche(r) Vertreter(in)**<br>**legal representatives** |

# Ausbildungsnachweis Nr. _____ Woche vom _____________ bis _____________ _____ . Ausbildungsjahr
# Proof of education      Week from      to      Year of trainig

| | Ausgeführte Arbeiten, Unterweisungen, Unterricht in Tages- oder Wochenberichten<br>Work carried out, instructions, lessons in daily or weekly reports | Std.<br>h | Σ |
|---|---|---|---|
| **MONTAG**<br>**MONDAY** | | | |
| **DIENSTAG**<br>**THUESDAY** | | | |
| **MITTWOCH**<br>**WEDNESDAY** | | | |
| **DONNERSTAG**<br>**THURSDAY** | | | |
| **FREITAG**<br>**FRIDAY** | | | |
| **Samstag /<br>Sonntag**<br>**Saturday / Sunday** | | | |
| **Σ** | **Bemerkungen \| Remarks:** | | |

| **Fehltage**<br>**Missed Days** | **Urlaub \| holiday:**<br>..................................... | **Krank \| sick**<br>..................................... | **Sonstiges \| other:**<br>..................................... |
|---|---|---|---|

| Ich bestätige die Richtigkeit der Angaben:<br>I confirm the accuracy of this | Kenntnis genommen:<br>Taken note of: | Kenntnis genommen:<br>Taken note of: |
|---|---|---|
| Datum \| Date ________________<br>Unterschrift \| Signature | Datum \| Date ________________<br>Unterschrift \| Signature | Datum \| Date ________________<br>Unterschrift \| Signature |
| **Auszubildende(r)**<br>**Apprentice** | **Ausbilder(in) / Ausbildungsbeauftragter**<br>**Training Officer** | **Gesetzliche(r) Vertreter(in)**<br>**legal representatives** |

# Ausbildungsnachweis Nr. _____ Woche vom _____________ bis _____________ _____ . Ausbildungsjahr
## Proof of education        Week from          to          Year of trainig

| | Ausgeführte Arbeiten, Unterweisungen, Unterricht in Tages- oder Wochenberichten<br>**Work carried out, instructions, lessons in daily or weekly reports** | Std.<br>h | Σ |
|---|---|---|---|
| **MONTAG**<br>**MONDAY** | | | |
| **DIENSTAG**<br>**THUESDAY** | | | |
| **MITTWOCH**<br>**WEDNESDAY** | | | |
| **DONNERSTAG**<br>**THURSDAY** | | | |
| **FREITAG**<br>**FRIDAY** | | | |
| **Samstag /**<br>**Sonntag**<br>**Saturday / Sunday** | | | |
| **Σ** | **Bemerkungen | Remarks:** | | |

| **Fehltage**<br>**Missed Days** | **Urlaub | holiday:** | **Krank | sick** | **Sonstiges | other:** |
|---|---|---|---|
| | .................................. | .................................. | .................................. |

| Ich bestätige die Richtigkeit der Angaben:<br>I confirm the accuracy of this | Kenntnis genommen:<br>Taken note of: | Kenntnis genommen:<br>Taken note of: |
|---|---|---|
| Datum | Date _________________<br>Unterschrift | Signature | Datum | Date _________________<br>Unterschrift | Signature | Datum | Date _________________<br>Unterschrift | Signature |
| **Auszubildende(r)**<br>**Apprentice** | **Ausbilder(in) / Ausbildungsbeauftragter**<br>**Training Officer** | **Gesetzliche(r) Vertreter(in)**<br>**legal representatives** |

# Ausbildungsnachweis Nr. ____ Woche vom ____________ bis ____________ ____ . Ausbildungsjahr
# Proof of education          Week from          to          Year of trainig

| | Ausgeführte Arbeiten, Unterweisungen, Unterricht in Tages- oder Wochenberichten<br>Work carried out, instructions, lessons in daily or weekly reports | Std.<br>h | Σ |
|---|---|---|---|
| MONTAG<br>MONDAY | | | |
| DIENSTAG<br>THUESDAY | | | |
| MITTWOCH<br>WEDNESDAY | | | |
| DONNERSTAG<br>THURSDAY | | | |
| FREITAG<br>FRIDAY | | | |
| Samstag /<br>Sonntag<br>Saturday / Sunday | | | |
| Σ | **Bemerkungen | Remarks:** | | |
| Fehltage<br>Missed Days | **Urlaub | holiday:**       **Krank | sick**       **Sonstiges | other:** | | |

Ich bestätige die Richtigkeit der Angaben:
I confirm the accuracy of this

Datum | Date ____________________
Unterschrift | Signature

**Auszubildende(r)**
**Apprentice**

Kenntnis genommen:
Taken note of:

Datum | Date ____________________
Unterschrift | Signature

**Ausbilder(in) / Ausbildungsbeauftragter**
**Training Officer**

Kenntnis genommen:
Taken note of:

Datum | Date ____________________
Unterschrift | Signature

**Gesetzliche(r) Vertreter(in)**
**legal representatives**

# Ausbildungsnachweis Nr. _____ Woche vom _____________ bis _____________ _____ . Ausbildungsjahr
# Proof of education        Week from        to        Year of trainig

| | Ausgeführte Arbeiten, Unterweisungen, Unterricht in Tages- oder Wochenberichten<br>Work carried out, instructions, lessons in daily or weekly reports | Std.<br>h | Σ |
|---|---|---|---|
| **MONTAG**<br>**MONDAY** | | | |
| **DIENSTAG**<br>**THUESDAY** | | | |
| **MITTWOCH**<br>**WEDNESDAY** | | | |
| **DONNERSTAG**<br>**THURSDAY** | | | |
| **FREITAG**<br>**FRIDAY** | | | |
| **Samstag /**<br>**Sonntag**<br>**Saturday / Sunday** | | | |
| **Σ** | **Bemerkungen \| Remarks:** | | |
| **Fehltage**<br>**Missed Days** | **Urlaub \| holiday:**      **Krank \| sick**      **Sonstiges \| other:**<br>...............................   ...............................   ............................... | | |

| Ich bestätige die Richtigkeit der Angaben:<br>I confirm the accuracy of this | Kenntnis genommen:<br>Taken note of: | Kenntnis genommen:<br>Taken note of: |
|---|---|---|
| Datum \| Date ________________<br>Unterschrift \| Signature | Datum \| Date ________________<br>Unterschrift \| Signature | Datum \| Date ________________<br>Unterschrift \| Signature |
| **Auszubildende(r)**<br>**Apprentice** | **Ausbilder(in) / Ausbildungsbeauftragter**<br>**Training Officer** | **Gesetzliche(r) Vertreter(in)**<br>**legal representatives** |

**Ausbildungsnachweis** Nr. ____ Woche vom ____________ bis ____________ ____ . Ausbildungsjahr
**Proof of education** Week from       to       Year of trainig

| | Ausgeführte Arbeiten, Unterweisungen, Unterricht in Tages- oder Wochenberichten<br>Work carried out, instructions, lessons in daily or weekly reports | Std.<br>h | Σ |
|---|---|---|---|
| MONTAG<br>MONDAY | | | |
| DIENSTAG<br>THUESDAY | | | |
| MITTWOCH<br>WEDNESDAY | | | |
| DONNERSTAG<br>THURSDAY | | | |
| FREITAG<br>FRIDAY | | | |
| Samstag /<br>Sonntag<br>Saturday / Sunday | | | |
| Σ | **Bemerkungen \| Remarks:** | | |
| Fehltage<br>Missed Days | **Urlaub \| holiday:**      **Krank \| sick**      **Sonstiges \| other:** | | |

| Ich bestätige die Richtigkeit der Angaben:<br>I confirm the accuracy of this | Kenntnis genommen:<br>Taken note of: | Kenntnis genommen:<br>Taken note of: |
|---|---|---|
| Datum \| Date ________________<br>Unterschrift \| Signature | Datum \| Date ________________<br>Unterschrift \| Signature | Datum \| Date ________________<br>Unterschrift \| Signature |
| **Auszubildende(r)**<br>**Apprentice** | **Ausbilder(in) / Ausbildungsbeauftragter**<br>**Training Officer** | **Gesetzliche(r) Vertreter(in)**<br>**legal representatives** |

# Ausbildungsnachweis Nr. _____ Woche vom _____________ bis _____________ _____ . Ausbildungsjahr
## Proof of education — Week from / to / Year of trainig

| | Ausgeführte Arbeiten, Unterweisungen, Unterricht in Tages- oder Wochenberichten<br>Work carried out, instructions, lessons in daily or weekly reports | Std.<br>h | Σ |
|---|---|---|---|
| **MONTAG<br>MONDAY** | | | |
| **DIENSTAG<br>THUESDAY** | | | |
| **MITTWOCH<br>WEDNESDAY** | | | |
| **DONNERSTAG<br>THURSDAY** | | | |
| **FREITAG<br>FRIDAY** | | | |
| **Samstag /<br>Sonntag<br>Saturday / Sunday** | | | |
| **Σ** | **Bemerkungen | Remarks:** | | |
| **Fehltage<br>Missed Days** | Urlaub | holiday:     Krank | sick     Sonstiges | other: | | |

| Ich bestätige die Richtigkeit der Angaben:<br>I confirm the accuracy of this | Kenntnis genommen:<br>Taken note of: | Kenntnis genommen:<br>Taken note of: |
|---|---|---|
| Datum | Date ____________________<br>Unterschrift | Signature | Datum | Date ____________________<br>Unterschrift | Signature | Datum | Date ____________________<br>Unterschrift | Signature |
| **Auszubildende(r)**<br>**Apprentice** | **Ausbilder(in) / Ausbildungsbeauftragter**<br>**Training Officer** | **Gesetzliche(r) Vertreter(in)**<br>**legal representatives** |

# Ausbildungsnachweis Nr. ____ Woche vom __________ bis __________ ____ . Ausbildungsjahr
# Proof of education    Week from    to    Year of trainig

| | Ausgeführte Arbeiten, Unterweisungen, Unterricht in Tages- oder Wochenberichten<br>Work carried out, instructions, lessons in daily or weekly reports | Std.<br>h | Σ |
|---|---|---|---|
| **MONTAG**<br>**MONDAY** | | | |
| **DIENSTAG**<br>**THUESDAY** | | | |
| **MITTWOCH**<br>**WEDNESDAY** | | | |
| **DONNERSTAG**<br>**THURSDAY** | | | |
| **FREITAG**<br>**FRIDAY** | | | |
| **Samstag /**<br>**Sonntag**<br>**Saturday / Sunday** | | | |
| **Σ** | **Bemerkungen \| Remarks:** | | |
| **Fehltage**<br>**Missed Days** | **Urlaub \| holiday:**      **Krank \| sick**      **Sonstiges \| other:** | | |

| Ich bestätige die Richtigkeit der Angaben:<br>I confirm the accuracy of this | Kenntnis genommen:<br>Taken note of: | Kenntnis genommen:<br>Taken note of: |
|---|---|---|
| Datum \| Date ________________<br>Unterschrift \| Signature<br><br>**Auszubildende(r)**<br>**Apprentice** | Datum \| Date ________________<br>Unterschrift \| Signature<br><br>**Ausbilder(in) / Ausbildungsbeauftragter**<br>**Training Officer** | Datum \| Date ________________<br>Unterschrift \| Signature<br><br>**Gesetzliche(r) Vertreter(in)**<br>**legal representatives** |

# Ausbildungsnachweis Nr. _____ Woche vom ____________ bis ____________ ____ . Ausbildungsjahr
# Proof of education     Week from              to                              Year of trainig

| | Ausgeführte Arbeiten, Unterweisungen, Unterricht in Tages- oder Wochenberichten<br>Work carried out, instructions, lessons in daily or weekly reports | Std.<br>h | Σ |
|---|---|---|---|
| **MONTAG**<br>**MONDAY** | | | |
| **DIENSTAG**<br>**THUESDAY** | | | |
| **MITTWOCH**<br>**WEDNESDAY** | | | |
| **DONNERSTAG**<br>**THURSDAY** | | | |
| **FREITAG**<br>**FRIDAY** | | | |
| **Samstag /**<br>**Sonntag**<br>**Saturday / Sunday** | | | |
| **Σ** | **Bemerkungen | Remarks:** | | |

| **Fehltage**<br>**Missed Days** | Urlaub | holiday: | Krank | sick | Sonstiges | other: |
|---|---|---|---|

………………………… ………………………… …………………………

| Ich bestätige die Richtigkeit der Angaben:<br>I confirm the accuracy of this | Kenntnis genommen:<br>Taken note of: | Kenntnis genommen:<br>Taken note of: |
|---|---|---|
| Datum | Date ____________<br>Unterschrift | Signature | Datum | Date ____________<br>Unterschrift | Signature | Datum | Date ____________<br>Unterschrift | Signature |
| **Auszubildende(r)**<br>**Apprentice** | **Ausbilder(in) / Ausbildungsbeauftragter**<br>**Training Officer** | **Gesetzliche(r) Vertreter(in)**<br>**legal representatives** |

<table>
<tr><td colspan="2">Ausbildungsnachweis Nr. ____ Woche vom ____________ bis ____________ ____ . Ausbildungsjahr<br>Proof of education     Week from       to             Year of trainig</td></tr>
</table>

| | **Ausgeführte Arbeiten, Unterweisungen, Unterricht in Tages- oder Wochenberichten**<br>**Work carried out, instructions, lessons in daily or weekly reports** | **Std.**<br>**h** | **Σ** |
|---|---|---|---|
| MONTAG<br>MONDAY | | | |
| DIENSTAG<br>THUESDAY | | | |
| MITTWOCH<br>WEDNESDAY | | | |
| DONNERSTAG<br>THURSDAY | | | |
| FREITAG<br>FRIDAY | | | |
| Samstag /<br>Sonntag<br>Saturday / Sunday | | | |
| Σ | **Bemerkungen | Remarks:** | | |
| **Fehltage**<br>**Missed Days** | **Urlaub | holiday:**      **Krank | sick**      **Sonstiges | other:** | | |

| Ich bestätige die Richtigkeit der Angaben:<br>I confirm the accuracy of this | Kenntnis genommen:<br>Taken note of: | Kenntnis genommen:<br>Taken note of: |
|---|---|---|
| Datum | Date ________________<br>Unterschrift | Signature | Datum | Date ________________<br>Unterschrift | Signature | Datum | Date ________________<br>Unterschrift | Signature |
| **Auszubildende(r)**<br>**Apprentice** | **Ausbilder(in) / Ausbildungsbeauftragter**<br>**Training Officer** | **Gesetzliche(r) Vertreter(in)**<br>**legal representatives** |

# Ausbildungsnachweis Nr. _____ Woche vom ____________ bis ____________ _____ . Ausbildungsjahr
# Proof of education  Week from ___________ to ___________  Year of trainig

| | Ausgeführte Arbeiten, Unterweisungen, Unterricht in Tages- oder Wochenberichten<br>Work carried out, instructions, lessons in daily or weekly reports | Std.<br>h | Σ |
|---|---|---|---|
| **MONTAG**<br>**MONDAY** | | | |
| **DIENSTAG**<br>**THUESDAY** | | | |
| **MITTWOCH**<br>**WEDNESDAY** | | | |
| **DONNERSTAG**<br>**THURSDAY** | | | |
| **FREITAG**<br>**FRIDAY** | | | |
| **Samstag /**<br>**Sonntag**<br>**Saturday / Sunday** | | | |
| **Σ** | **Bemerkungen \| Remarks:** | | |

| **Fehltage**<br>**Missed Days** | Urlaub \| holiday: | Krank \| sick | Sonstiges \| other: |
|---|---|---|---|
| | ................................. | ................................. | ................................. |

| Ich bestätige die Richtigkeit der Angaben:<br>I confirm the accuracy of this | Kenntnis genommen:<br>Taken note of: | Kenntnis genommen:<br>Taken note of: |
|---|---|---|
| Datum \| Date ________________<br>Unterschrift \| Signature | Datum \| Date ________________<br>Unterschrift \| Signature | Datum \| Date ________________<br>Unterschrift \| Signature |
| **Auszubildende(r)**<br>**Apprentice** | **Ausbilder(in) / Ausbildungsbeauftragter**<br>**Training Officer** | **Gesetzliche(r) Vertreter(in)**<br>**legal representatives** |

# Ausbildungsnachweis Nr. ____ Woche vom ___________ bis ___________ ____ . Ausbildungsjahr
## Proof of education  Week from  to  Year of trainig

| | Ausgeführte Arbeiten, Unterweisungen, Unterricht in Tages- oder Wochenberichten<br>**Work carried out, instructions, lessons in daily or weekly reports** | Std.<br>h | Σ |
|---|---|---|---|
| **MONTAG**<br>**MONDAY** | | | |
| **DIENSTAG**<br>**THUESDAY** | | | |
| **MITTWOCH**<br>**WEDNESDAY** | | | |
| **DONNERSTAG**<br>**THURSDAY** | | | |
| **FREITAG**<br>**FRIDAY** | | | |
| **Samstag /**<br>**Sonntag**<br>**Saturday / Sunday** | | | |
| **Σ** | **Bemerkungen \| Remarks:** | | |
| **Fehltage**<br>**Missed Days** | **Urlaub \| holiday:**  **Krank \| sick**  **Sonstiges \| other:** | | |

| Ich bestätige die Richtigkeit der Angaben:<br>I confirm the accuracy of this | Kenntnis genommen:<br>Taken note of: | Kenntnis genommen:<br>Taken note of: |
|---|---|---|
| Datum \| Date _______________________<br>Unterschrift \| Signature | Datum \| Date _______________________<br>Unterschrift \| Signature | Datum \| Date _______________________<br>Unterschrift \| Signature |
| **Auszubildende(r)**<br>**Apprentice** | **Ausbilder(in) / Ausbildungsbeauftragter**<br>**Training Officer** | **Gesetzliche(r) Vertreter(in)**<br>**legal representatives** |

**Ausbildungsnachweis** Nr. _____ Woche vom _____________ bis _____________ _____ . Ausbildungsjahr
**Proof of education**  Week from _____________ to _____________ Year of trainig

| | Ausgeführte Arbeiten, Unterweisungen, Unterricht in Tages- oder Wochenberichten<br>Work carried out, instructions, lessons in daily or weekly reports | Std.<br>h | Σ |
|---|---|---|---|
| **MONTAG**<br>**MONDAY** | | | |
| **DIENSTAG**<br>**THUESDAY** | | | |
| **MITTWOCH**<br>**WEDNESDAY** | | | |
| **DONNERSTAG**<br>**THURSDAY** | | | |
| **FREITAG**<br>**FRIDAY** | | | |
| **Samstag /**<br>**Sonntag**<br>**Saturday / Sunday** | | | |
| **Σ** | **Bemerkungen | Remarks:** | | |
| **Fehltage**<br>**Missed Days** | **Urlaub | holiday:**  **Krank | sick**  **Sonstiges | other:**<br>............................ ............................ ............................ | | |

| Ich bestätige die Richtigkeit der Angaben:<br>I confirm the accuracy of this | Kenntnis genommen:<br>Taken note of: | Kenntnis genommen:<br>Taken note of: |
|---|---|---|
| Datum | Date _________________<br>Unterschrift | Signature | Datum | Date _________________<br>Unterschrift | Signature | Datum | Date _________________<br>Unterschrift | Signature |
| **Auszubildende(r)**<br>**Apprentice** | **Ausbilder(in) / Ausbildungsbeauftragter**<br>**Training Officer** | **Gesetzliche(r) Vertreter(in)**<br>**legal representatives** |

**ISBN:** 9783734711176

**Impressum:**

Herstellung und Verlag: BoD – Books on Demand, Norderstedt

**Ausbildungsnachweis (Berichtsheft) Deutsch / Englisch**
**Proof of education**

1. Auflage 2023

© 2023
**Prixus Bau- und Immobilien Fa.**
c/o M. Kuntze, Staatl. gepr. Techniker
www.prixus.de
info@prixus.de

BoD Verlag Norderstedt

| Ich bestätige die Richtigkeit der Angaben:<br>I confirm the accuracy of this | Kenntnis genommen:<br>Taken note of: | Kenntnis genommen:<br>Taken note of: |
|---|---|---|
| Datum \| Date _____________<br>Unterschrift \| Signature | Datum \| Date _____________<br>Unterschrift \| Signature | Datum \| Date _____________<br>Unterschrift \| Signature |
| **Auszubildende(r)**<br>**Apprentice** | **Ausbilder(in) / Ausbildungsbeauftragter**<br>**Training Officer** | **Gesetzliche(r) Vertreter(in)**<br>**legal representatives** |